Albert Dastre

L'Heure légale

Essai

ISBN : 978-1542759403

10 9 8 7 6 5 4 3 2 1

Albert Dastre

L'Heure légale

Essai

Table de Matières

INTRODUCTION

Le 24 février dernier, la Chambre des députés adoptait un projet de loi, dû à l'initiative parlementaire et ayant pour objet de fixer à nouveau l'heure légale de notre pays. Il était ainsi formulé : *l'heure légale, en France et en Algérie, est l'heure, temps moyen, de Paris, retardée de 9 minutes 21 secondes.*

Quelques années plus tôt, le 15 mars 1891, une autre loi, votée sur l'initiative du Gouvernement, avait déjà établi « l'heure nationale », c'est-à-dire l'heure unique remplaçant dans toute l'étendue du territoire l'infini particularisme des heures locales. C'était — ou ce devait être, car cette loi a été mal obéie — » l'heure, temps moyen, de Paris. » Défendons-nous d'un premier mouvement de surprise à voir le Parlement en cette affaire qui fut autrefois celle des Observatoires et avant tout du soleil. La civilisation nous oblige à corriger la nature ; et c'est, depuis longtemps, l'appareil législatif ou gouvernemental qui a dû nous mesurer le temps et régler nos montres. Quoi qu'il en soit, il s'agit donc cette fois, après sept ans d'usage, de modifier l'heure primitivement adoptée, l'heure temps moyen de Paris ; celle même qu'un règlement de M. de Chabrol avait imposée en 1816 à toutes les horloges de la ville et que la loi de 1891 avait étendue à tout le pays.

Si, comme il est vraisemblable, le Sénat ratifie la nouvelle proposition de la Chambre, toutes les horloges publiques devront être, dès la promulgation de la loi, retardées exactement de 9 minutes 21 secondes. Pour les horloges de chemins de fer, horloges intérieures, qui déjà sont en arrière de 5 minutes, le « coup de pouce » obligatoire ne devra plus être que de 4 minutes 21 secondes. Cette rétrogradation brusque de près de dix minutes créera à ce moment unique une heure monstrueuse de 69 minutes et apportera une dérogation unique au cours régulier de nos habitudes. C'est une bien petite anomalie en comparaison des révolutions qu'a subies autrefois le calendrier. Au temps de la réforme grégorienne, en 1582, les Français ont eu un mois de décembre qui compta seulement vingt jours — et les Romains de l'an 40, au temps de Jules César, ont vécu une année, de 445 jours qui fut appelée « l'année de confusion ».

Albert Dastre

La réforme en projet, tout au contraire, n'amènera aucune confusion. Elle est précisément destinée à faire cesser celle qui existe présentement. Elle mettra notre système de notation de l'heure en harmonie avec celui de presque toute l'Europe, c'est-à-dire avec le *système des fuseaux horaires*. La France aura la même heure que l'Angleterre (heure de Greenwich) qui deviendra aussi celle de l'Espagne et du Portugal. Dans toute l'étendue de ces pays qui forment *le fuseau de l'Europe Occidentale* il n'y aura point de différence dans la marche des montres ou des horloges. Il y sera midi au même moment, partout, aussi bien à Paris qu'à Nancy, à Brest, à Londres, à Plymouth, à Douvres, à Lisbonne, à Cadix et à Barcelone ; et, dans ce même instant physique, il sera exactement une heure dans toute l'*Europe Centrale*, Belgique, Allemagne, Autriche, Italie ; l'heure de Rome, de Berlin ou de Vienne ne différera de la nôtre que d'une unité exactement, sans appoint de minutes. Simultanément, il sera deux heures précises à Moscou, à Budapest, à Constantinople, et en général dans toute l'*Europe Orientale* qui forme le second fuseau après le nôtre ; il sera six heures du soir à Calcutta qui est dans le sixième fuseau ; il sera neuf heures du soir, exactement, au Japon qui fait partie du neuvième fuseau, et ainsi de suite. Il suffit de connaître le numéro d'ordre du fuseau auquel appartient un pays pour savoir l'heure qui y règne. Et toujours les nombres sont entiers et exacts, par lesquels les heures diffèrent dans deux contrées éloignées ; il n'y a plus de compte de minutes à faire.

On aperçoit immédiatement l'avantage d'un tel système et sa commodité pour les usages internationaux des chemins de fer et des télégraphes, et pour les besoins du commerce. Aussi est-il universellement adopté. La France est l'un des derniers pays qui aient résisté à son introduction : on devrait dire le dernier pays, car sa résistance seule a obligé l'Espagne et le Portugal à en différer l'adoption. — Le projet de loi présenté par l'honorable M. Boudenoot et accueilli par la Chambre est destiné à mettre fin à cette situation. Il ne s'agit pas, comme on le voit, d'une réforme aventureuse ou seulement de quelque initiative hardie, comme celles dont la France a pu donner l'exemple à d'autres moments de son histoire. Ici, la sécurité est parfaite ; nous marchons à la remorque du reste du monde ; ce que nous ne ferons pas de bonne grâce se fera malgré nous. Le système des fuseaux horaires est un fait accompli, il existe et fonctionne.

Cette considération suffit à mettre fin à une opposition vaine ; elle entraînera évidemment l'acquiescement du Sénat. Elle ne nous dispense pas d'examiner cependant les motifs de l'opposition qui s'est manifestée dans certains milieux contre cette dernière réforme de l'heure.

Il peut être intéressant de montrer le sens, la portée, la nécessité de ce nouveau système de notation chronométrique. Le meilleur moyen est, pour cela, de rattacher ce dernier changement à ceux qui l'ont précédé, c'est-à-dire de rappeler très brièvement l'histoire des réformes successives qui se sont produites dans la manière de mesurer le temps.

I. — L'HEURE SOLAIRE : TEMPORAIRE, ÉQUINOXIALE.

L'activité journalière des hommes et le fonctionnement de la société tout entière se règlent nécessairement sur le temps et ses divisions. La notion de l'heure, toujours présente, coordonne les activités partielles, rend possible le concert des efforts et préside à la distribution des travaux. Tous nos actes, comme notre vie même, sont, selon l'expression mathématique, *une fonction* du temps. Les progrès de la civilisation ont continuellement tendu à préciser davantage cet élément, et à rendre plus facile son emploi. Le pâtre de Chaldée était réduit à suivre sur la voûte céleste le cours des étoiles ; l'homme moderne transporte avec lui, partout et toujours, l'instrument mesureur des durées, et son œil consulte sans cesse la course sur le cadran divisé des aiguilles agiles et infatigables. Il est permis de dire que les inventions du cadran solaire, de la clepsydre, de l'horloge et de la montre marquent des étapes principales dans le développement de la vie sociale. Les anciens, pas même les astronomes, ne distinguaient les petites divisions de la durée ; dans aucune observation de Ptolémée le temps n'est indiqué avec plus de précision que le quart d'heure. On compte aujourd'hui universellement par minutes et, dans quelques professions, par secondes.

L'unité de temps a été d'abord le jour entier, le *nyctémère* des Grecs,

Albert Dastre

c'est-à-dire cette réunion du jour et de la nuit pour laquelle nous n'avons pas d'équivalent dans notre langue, car nous désignons indifféremment par le mot *de jour* le temps pendant lequel le soleil nous éclaire et qui s'écoule entre son lever et son coucher et le temps très différent qui sépare deux levers ou deux couchers successifs du même astre. Or, les jours sont inégaux aux nuits. La plus simple observation a appris à l'homme des temps primitifs, chasseur ou pasteur de troupeaux, qui voyait le soleil se lever et se coucher à l'horizon pour ramener alternativement la lumière et l'ombre, que la période de clarté était d'autant plus longue que l'obscurité était plus courte. Mais la constatation que leurs durées étaient exactement complémentaires, que l'ensemble du jour et de la nuit formait un total toujours égal à lui-même, cette observation, en un mot, de l'invariabilité du nyctémère fut sans doute l'une des premières et des plus importantes découvertes astronomiques. Cette constance de la période au bout de laquelle reparaît le soleil, vérifiée aussi pou-lies autres étoiles du ciel, fit connaître que la voûte céleste tournait autour de son axe d'un mouvement général et uniforme.

Il était donc possible de compter par jours ; le nyctémère put servir d'une sorte de mesure ou de « mètre du temps. » Mais il fallut bientôt y établir des subdivisions ; ce furent les heures.

Les heures n'ont pas toujours eu la même signification qu'elles ont aujourd'hui. Elles n'ont apparu, comme divisions du jour, que trois siècles avant Jésus-Christ, — au moins dans la vie ordinaire, — chez les Grecs et chez les Romains. Sans doute, le nom était plus ancien. Mais il indiquait de vagues divisions du temps, par exemple les saisons de l'année. Elles étaient alors au nombre de trois, l'hiver n'étant pas, à l'origine, considéré comme une saison ; c'est ainsi qu'elles sont représentées au musée du Louvre dans un bas-relief antique tiré de l'autel des Douze Dieux. Dans l'*Odyssée*, ce sont de gracieuses personnifications, sœurs des Nymphes et des Charités ; elles envoient du haut du ciel la rosée, la pluie, l'humidité bienfaisante. En même temps qu'elles présidaient à la succession régulière des temps, elles arrivèrent à symboliser, dans l'ordre moral, les idées de régularité et de justice : Eunomia représentait le bon ordre, Dicé la justice, Iréné la paix et l'union. Plus tard, elles devinrent les véritables Heures, lentes divinités, chargées d'ouvrir

I. — L'HEURE SOLAIRE : TEMPORAIRE, ÉQUINOXIALE.

au soleil et de fermer les portes de l'Olympe.

La division du nyctémère en vingt-quatre heures a passé des Babyloniens aux Grecs, selon le témoignage d'Hérodote. Dans la réalité, chaque section du nyctémère, jour et nuit, avait sa division particulière. Le jour était fractionné en douze parties égales ; et de même pour la nuit. Mais les heures diurnes différaient en durée des heures nocturnes. L'été, la période du jour étant plus longue que la nuit, les heures diurnes étaient aussi les plus longues ; c'était l'inverse pendant l'hiver. Ainsi, la durée de l'heure n'avait aucune fixité. Elle variait du jour à la nuit ; elle variait encore d'un jour à l'autre, et, à cause de la différence des latitudes, d'un lieu à l'autre ; elle n'offrait donc pas le caractère d'un étalon de mesure. Ces heures, indéfiniment variables, étaient appelées temporaires. L'usage s'en est longtemps perpétué. Il n'arrivait que deux fois par an qu'elles eussent la même durée ; c'était aux équinoxes, alors que les jours sont égaux aux nuits. Ces heures, toutes égales, dont la valeur était uniformément la vingt-quatrième partie du nyctémère, étaient appelées les *heures équinoxiales*. L'heure équinoxiale constituait cette fois une véritable unité de mesure, sans doute utilisée pour les usages astronomiques, mais étrangère aux usages de la vie civile, où l'on continua de compter par *heures temporaires*, c'est-à-dire inégales. L'art alexandrin donna à ces heures du jour de nouvelles figures allégoriques et en fit les compagnes des Saisons. Le poète Ovide les représente comme « les suivantes d'Eos, placées à intervalles égaux, sur le trône du Soleil. »

Quant aux raisons qui avaient déterminé les Babyloniens et après eux les Grecs et les autres peuples à diviser le jour et la nuit chacun en douze parties et leur ensemble par conséquent en vingt-quatre heures, on peut en imaginer plusieurs. C'est, en premier lieu, la prééminence sur toutes les autres de la division duodécimale, reconnue à toutes les époques et appliquée pour ainsi dire à tous les objets. Les durées, les longueurs, les grandeurs angulaires, les monnaies ont été comptées par les multiples de la douzaine, ou par ses subdivisions, le nombre 12 étant celui qui se prête aux fractionnements les plus faciles. Et, d'autre part, le nombre 12 indique déjà la division de l'année en mois, c'est-à-dire le nombre des révolutions que la lune accomplit pendant que le soleil achève la sienne dans la même zone du ciel.

Albert Dastre

Les Romains faisaient commencer le jour, comme les Chaldéens et les Juifs, au lever du soleil. Un huissier des Consuls, monté sur la terrasse du palais du Sénat, annonçait à haute voix le lever de l'astre : il annonçait également le milieu du jour, c'est-à-dire la sixième heure, lorsque le soleil arrivait à son midi. Dans l'intervalle, on allait chercher l'heure aux cadrans solaires établis sur la place publique. Les maisons opulentes entretenaient un esclave spécialement chargé de cet office. Lorsque le soleil restait caché, la confusion devenait extrême. D'ailleurs, le compte précis des heures était le plus souvent inutile. On se contentait de ces divisions de la journée que nous employons nous-mêmes encore sous le nom de matinée, midi, après-midi, soir. Les heures étaient, à cet effet, réunies en groupes de trois ou *trihories* : elles formaient les fractions désignées par les noms de *prime* (six à neuf heures du matin), *tierce, sexte, none,* et ces noms ont été conservés dans la liturgie catholique. La nuit était également divisée en quatre veilles, de mêmes noms. La quatrième veille, qui s'étendait de trois heures à six heures du matin, s'appelait encore « le chant du coq ».

Nous avons dit que les heures qui ont été longtemps en usage, les heures temporaires, diurnes et nocturnes, douzième partie du jour effectif et de la nuit réelle, variaient de durée du jour à la nuit, d'une date à l'autre, d'un lieu à l'autre. Leur variation, sous nos latitudes et selon les saisons, peut aller du simple au double. Elles ne s'égalisaient qu'aux équinoxes de printemps et d'automne et devenaient l'*heure équinoxiale.* Celle-ci, vingt-quatrième partie du nyctémère, formait une unité théorique, un véritable étalon de mesure, ou encore une sorte de *temps moyen,* sans existence réelle pendant le cours de l'année et étrangère aux usages dans la vie civile. A Rome, au temps même des Antonins, elle était bien loin d'être usuelle ; et l'on voit le célèbre médecin Galien la mentionner comme une mesure exceptionnelle pour l'appréciation exacte de la durée des accès de fièvre.

Longtemps après l'invention des horloges, et presque jusqu'à la période contemporaine, où la vulgarisation des montres en rendit la continuation impossible, l'usage se conserva des heures inégales, ou temporaires. On persistait à vouloir qu'elles s'étendissent en même nombre sur la durée changeante du jour solaire.

Les contemporains de Dante, selon M. de Nordling, entendaient

I. — L'HEURE SOLAIRE : TEMPORAIRE, ÉQUINOXIALE.

que les pendules marchassent de façon à parcourir toujours douze heures du lever au coucher du soleil. C'était là une exigence absurde, puisque l'on demandait à un instrument, dont le principe est la régularité, de se comporter différemment le jour et la nuit. Il fallait donc y retoucher sans cesse, le soir et le matin.

A la longue, on se lassa pourtant de cette vaine besogne. On finit par laisser les horloges marcher d'un train égal, et indiquer, pendant un jour entier, d'un lever du soleil à l'autre, ou mieux d'un midi à l'autre, des heures uniformes, des heures équinoxiales. On ne les réglait plus qu'une fois, et au midi au lieu du lever ou du coucher du soleil, parce que ce point culminant de la course est plus facile à saisir avec précision que l'apparition de l'astre au-dessus d'un horizon souvent brumeux ou opaque. Au lieu d'exiger que le soleil se levât ou se couchât à une même heure numérotée du même nombre, on consentit qu'il se levât à des heures différentes suivant les saisons ; qu'il brillât dans le ciel pendant un nombre variable de ces unités de temps. En d'autres termes, on adopta le *temps solaire vrai* ; l'heure en fut la vingt-quatrième partie. Le passage du soleil au méridien, dans le plan du Zénith, donna le *midi vrai*, et c'est sur cet instant que se sont réglées les montres et les horloges, pendant longtemps et — pour parler avec précision — jusqu'en 1816, d'une manière officielle, mais en réalité beaucoup plus tard encore.

II. — NOTATION DES HEURES. — LE SYSTÈME DES VINGT-QUATRE HEURES.

Le jour ainsi réglé sur le soleil amène toutes les vingt-quatre heures un changement de date. Le nom et le quantième se remplacent brusquement par le nom et le numéro suivants. Le moment de ce « saut de date » marque le début du nouveau jour civil et, en fait, la véritable origine des heures. Son choix est arbitraire ; il a varié de toutes les manières dans le cours des temps.

Chez les Grecs comme chez les Chinois et les Hébreux, il avait lieu à la fin du jour, c'est-à-dire à la première heure de nuit. La même coutume, de placer le changement de date, c'est-à-dire le début du jour civil au coucher du soleil, a longtemps persisté dans diverses contrées de l'Europe, en Autriche, en Bohême, en

Albert Dastre

Pologne. Au siècle dernier, dans certaines parties de l'Italie, on faisait encore finir et recommencer le jour à l'heure du crépuscule, à six heures du soir. La tombée de la nuit indiquait la première heure : notre minuit actuel était, dans ce système, la sixième heure. Les Italiens continuaient d'ailleurs à noter les heures au-delà de douze : sept heures du matin était leur treizième heure ; midi leur dix-huitième ; à six heures du soir ils comptaient 24.

L'usage a prévalu, dans l'Europe contemporaine, de placer à minuit l'origine de l'heure ; il remonte, paraît-il, aux Egyptiens. Il semble d'ailleurs très rationnel, en ce qu'il atténue le côté choquant que le « saut d'un jour » présente à raison de sa brusquerie et de son caractère conventionnel. par-là, le changement de date tombe en effet dans la période du repos et de la moindre activité sociale, et il a plus de chance de passer inaperçu. Ce point de départ offre encore l'avantage tout théorique et très accessoire de faire concorder l'origine des temps avec celle des heures. L'ère chrétienne date, en effet, d'un événement, la naissance de Jésus-Christ, dont la convention Dionysienne a fixé l'année (753 de Rome) et l'heure, voisine précisément de minuit.

La même considération du saut de date a conduit les astronomes, dont les observations sont surtout nocturnes, à adopter une notation contraire à l'habitude commune ; ils font partir le jour de midi. Ils évitent ainsi la complication du changement de date au cours de leur travail. Cette notation n'offre d'ailleurs pas d'autre avantage. Elle fut autrefois en vigueur chez les Arabes, qui, adoptèrent en cela les conseils de leurs astronomes. Il est possible qu'elle soit abandonnée avant longtemps. Les délégués compétents réunis en Congrès à Washington, en 1884, ont été d'avis qu'il convenait de prendre pour le jour astronomique le même point de départ que pour le jour civil. Mettre l'origine du jour en son milieu semble en effet, pour le public qui a d'autres habitudes, un procédé aussi peu raisonnable, comme le dit M. Cas-pari, que de mesurer la taille d'un homme en partant de la ceinture. Les astronomes français, qui à la réunion de Washington ont dû se séparer de leurs collègues sur des points plus importants, n'ont pas fait d'opposition à celui-ci. M. Janssen y a adhéré. Le Bureau des longitudes, par l'organe de M. H. Poincaré, s'est déclaré favorable à cette unification du jour astronomique et du jour civil, sous la condition que les gouvernements qui publient les principales éphémérides prendraient les mesures nécessaires pour que la réforme fût appliquée partout simultanément, et sous cette autre condition encore, que l'heure civile, comme l'heure astronomique, fût comptée de 0 à 24. Ce sera sans doute renoncer à une tradition de l'astronomie depuis Ptolémée ; mais d'autre part, ce sera revenir à la notation d'Hipparque, dans l'antiquité, et de Copernic dans les temps modernes.

Le point important n'est pas, en effet, de partir de tel moment ou de tel autre, c'est pour les astronomes de conserver l'unité du nyctémère qui est le véritable étalon de mesure, c'est-à-dire de décomposer le jour en 24 heures consécutives au lieu de le couper en groupes de douze heures. Ce fractionnement en deux douzaines pouvait avoir sa raison d'être, lorsque chacune d'elles se distinguait de l'autre par un caractère aussi tranché que celui d'être éclairée ou obscure. Mais puisqu'il a fallu renoncer à faire coïncider les périodes de douze heures avec les périodes de jour et de nuit véritables, il eût été logique en abandonnant cette chimère d'abandonner du même coup la manière de compter qui en était l'expression. La numération par 24 heures s'imposait donc.

De fait, elle a été en usage dans divers pays, comme nous l'avons vu à propos de l'Italie. Si on l'a abandonnée, ce n'est point à raison d'inconvénients qui lui seraient particuliers. Le public a sans doute plus de peine à embrasser une série de vingt-quatre parties et à en saisir la succession que s'il s'agit seulement d'une douzaine. Mais cette légère infériorité est compensée par des avantages nombreux, dont le plus évident est de rendre impossible toute confusion entre les heures du jour et celles de la nuit. L'adoption de cette notation constituerait un progrès très appréciable au point de vue de la clarté, de la simplicité et de la commodité de toutes les indications chronologiques. La confection des horaires, indicateurs, annuaires de toute espèce en serait singulièrement facilitée ; et leur lecture cesserait d'être l'opération laborieuse et fertile en erreurs qu'elle est aujourd'hui. Si l'on consulte, en effet, les horaires officiels des chemins de fer et des bateaux pour l'Europe seulement, on trouve qu'ils emploient six manières différentes d'indiquer les heures de nuit. Il y a neuf notations pour désigner l'avant-midi, et autant pour l'après-midi. Grâce à quoi, le voyageur qui se propose d'accomplir

Albert Dastre

un long voyage à travers le monde est à peu près hors d'état d'en tracer d'avance un itinéraire complet. Il est en tous cas exposé à commettre des erreurs auxquelles n'échappent même pas les employés spéciaux des agences de renseignements. La numération continue des heures de 0 à 24 supprimerait la cause principale de ces confusions.

Le système de numération continue des heures est souvent appelé, et bien improprement, « système canadien », *twenty four hours system*. Il ne fait que ressusciter en réalité une notation qui a été anciennement en usage dans l'Europe continentale, et qui est restée celle des astronomes, en tous les temps. Cette manière de compter les heures, tout d'une traite, d'un minuit à l'autre, s'étend et se généralise chaque jour. On peut prévoir qu'avant longtemps elle aura remplacé la notation actuelle par douze heures.

L'Italie a été la première à adopter le système des vingt-quatre heures, — ou plutôt à le reprendre ; elle n'a fait en cela que revenir à une habitude qu'elle avait à peine quittée ; avec cette différence toutefois qu'au lieu de compter, comme jadis, les vingt-quatre heures à partir de six heures du matin, elle les compte à partir de minuit. La réforme commença dans le service télégraphique de Sardaigne en 1859. Il s'agissait de mettre fin à des erreurs fréquentes dans l'indication des heures de dépôt et d'arrivée des dépêches et d'en faciliter le contrôle tout en épargnant les signes de transmission. Quelques années plus tard, en 1867, les Indes anglaises suivaient le même exemple. La notation continue des heures était adoptée par les administrations de chemins de fer, mais seulement pour le service intérieur et l'usage du personnel. Le fonctionnement en parut si simple et si avantageux que le public lui-même en réclama le bénéfice pour les affiches et les horaires mis à sa disposition ; et, de là, naturellement elle s'est étendue à beaucoup d'usages de la vie civile, sans se substituer cependant à la notation ordinaire. Il en a été de même en Amérique. Le système fonctionne sur les chemins de fer du Canada depuis 1887 à la satisfaction générale. On le trouve commode et on l'emploie couramment dans la vie ordinaire. Les administrations télégraphiques s'en louent beaucoup. Il leur épargne, sans parler des confusions et des erreurs, les indications de service qui grèvent les transmissions et les vendent onéreuses. La seule compagnie *Western Union Telegraph* déclare avoir économisé annuellement, de ce chef, la manipulation de 150 millions de lettres.

Les choses se passent partout de la même façon. La réforme commence par les télégraphes ; elle s'étend aux chemins de fer et de là s'installe dans les habitudes de la vie ordinaire. C'est ce qui est arrivé en Italie. Inauguré en 1859 par les Télégraphes, le système des vingt-quatre heures fut mis en vigueur sur les voies ferrées le 1er novembre 1893 ; un grand nombre de municipalités l'adoptèrent presque aussitôt pour les usages de la vie civile.

Les Français qui voyagent à l'étranger ont certainement remarqué les cadrans à double graduation que présentent les horloges des gares et souvent même toutes les horloges publiques, sans parler des montres exposées aux devantures des horlogers. Et, cela, aussi bien au nord qu'au sud de nos frontières. La Belgique, en effet, a adopté officiellement la notation des 24 heures, pour le service des chemins de fer, depuis le 1er mai 1897. Mais déjà antérieurement bien des services et des administrations l'avaient mise à l'essai, et par exemple, les ateliers du Grand Central Belge à Louvain depuis 1892, l'école de Carlsbourg depuis 1895. Le public a mis une espèce d'empressement à l'accueillir et à l'adopter. C'est une manière de faire preuve d'un esprit novateur, ou peut-être simplement un snobisme. Les affiches des cours dans quelques universités sont rédigées d'après ce système. On s'invite à dîner à dix-neuf heures. Il y a à Bruxelles, comble d'illogisme grammatical ! des « five o'clock » à dix-sept heures !

L'application du système n'oblige à remanier aucun organe essentiel des pendules, des montres ou des horloges. Il suffit d'ajouter au cadran, en dedans de l'anneau où les heures sont inscrites en chiffres romains, de I à XII, une seconde couronne concentrique portant en chiffres arabes les nombres de 13 à 24, 13 étant inscrit au-dessous de I, 14 au-dessous de II, et ainsi de suite, jusqu'à 24 inscrit au-dessous de XII. Pour les montres, on en rend l'usage encore plus commode en matérialisant en quelque sorte la distinction du jour et de la nuit ; on ombre les heures nocturnes de six heures du soir à six heures du matin, c'est-à-dire la moitié gauche du demi-cadran arabe, de 18 à 24, et la moitié droite du cadran romain de I à VI.

Albert Dastre

L'indication de l'heure est donc extrêmement simple et réalisée aux moindres frais. Quant aux sonneries, c'est une autre affaire. Il sera difficile de pousser la logique jusqu'à les adapter au système des vingt-quatre heures ; et si l'horloger s'y essaye, ce sera probablement le public qui s'y montrera rebelle. Il faut du loisir pour attendre que le vingt-quatrième coup de minuit ait sonné à la tour du beffroi.

Sur tous les autres points, la simplicité du système est parfaite. Il ne faut pas plus de quinze jours au public pour faire son éducation. Les heures du matin, de minuit à midi, sont désignées de la même manière dans les deux systèmes. Les heures de l'après-midi présentent une différence de douze ; il faut ajouter douze à l'ancienne notation pour avoir la nouvelle ; il faut retrancher douze, c'est-à-dire une dizaine et deux unités à la nouvelle pour revenir à l'ancienne. Il faut enfin remarquer qu'en Europe l'on ne compte pas en réalité de 4 à 24, mais bien de 0 à 23. Pour indiquer minuit dix minutes ou minuit quarante-cinq, on écrit : 0 h. 10, 0 h. 48, tandis que les Américains disent : 24 h. 10, 24 h. 45.

Il est probable que, dans la vie ordinaire, les deux notations existeront longtemps encore côte à côte. On écrira et l'on dira indifféremment « six heures du soir et dix-huit heures », comme il est arrivé chaque fois qu'un système de mesures s'est substitué à un autre. On calcule en francs, mais on parle encore en louis, en écus et en sous : on évalue la fortune et les rentes en livres, le poids des gemmes en carats, la taille en pieds et en pouces, les profondeurs marines en brasses, les distances en encablures, les vitesses en nœuds. Les nouveautés s'infiltrent plus facilement dans les usages que dans le langage. La langue est l'élément, le plus résistant, *l'ultimum moriens*.

III. — L'HEURE SOLAIRE. LE TEMPS MOYEN

La révolution la plus profonde qui ait été accomplie dans la détermination de l'heure et dans le réglage des horloges qui la donnent, l'a été vers le commencement du siècle. Elle a consisté dans la substitution du *temps moyen* au *temps solaire vrai*. C'est la ville de Genève qui en a eu l'initiative en 1780 ; Londres a suivi l'exemple en 1792 ; Berlin en 1810. En 1816, ce fut le tour de Paris. Jusque-là, comme nous l'avons dit plus haut, on réglait les montres et les horloges sur le midi vrai, c'est-à-dire sur le phénomène physique, réel, du passage du soleil au méridien. On en était averti, en dehors des mesures précises qu'exécutent les astronomes, par différents moyens, à la portée de tous ; par l'observation du cadran solaire simple, par la constatation du moment où l'ombre d'une tige placée verticalement devient la plus courte. Les oisifs s'amusaient à attendre le solennel passage. Dans quelques villes un coup de canon, allumé quelquefois par les rayons mêmes du soleil, annonçait que le moment était venu de mettre les aiguilles sur le midi du cadran.

La réforme de 1816 a mis fin chez nous à ces provinciales coutumes. — Nos montres et nos pendules ne doivent plus indiquer midi quand le soleil traverse la ligne Nord-Sud, c'est-à-dire quand il est *midi vrai*. Il arrive seulement quatre fois par an que nos horloges marquent midi à peu près, en même temps que le cadran solaire. Les époques de ces coïncidences approximatives sont d'ailleurs inégalement espacées dans l'année. Pour l'année présente elles ont lieu aux 14 avril, 14 juin, 31 août, 25 décembre. Le reste du temps, elles marquent tantôt plus, tantôt moins de midi, à l'instant physique du passage du soleil au méridien.

La valeur de cette différence, qu'il faut ajouter ou retrancher au midi vrai pour avoir le *midi moyen* de nos horloges, c'est-à-dire en définitive pour en contrôler la marche et les régler, change d'un jour à l'autre et d'une année à l'autre. On l'appelle l'*équation du temps*. Elle peut s'élever jusqu'à 16 minutes ; et cela arrive actuellement aux environs du 15 février et du 1er novembre. Mais *a priori* il est impossible de rien prévoir à cet égard. Il faut un calcul assez compliqué pour obtenir l'*équation du temps* qui répond à chaque jour de l'année. Les astronomes l'exécutent, et en publient le résultat. On le trouve dans l'*Annuaire du Bureau des Longitudes* sous la rubrique *temps moyen au midi vrai*, à la dernière colonne du calendrier qui ouvre ce recueil.

Le jour solaire vrai a une existence réelle. On en peut dire autant de l'heure solaire qui en est la 24e partie. Le jour moyen n'a pas ce caractère. C'est une grandeur fictive, une sorte de moyenne idéale de tous les jours solaires d'une année. Si l'on a abandonné

Albert Dastre

pour cette unité artificielle et compliquée l'unité réelle et simple qui avait eu cours jusqu'alors, c'est qu'il était devenu impossible de faire autrement ; c'est que l'on avait découvert que le jour solaire vrai n'avait pas une durée fixe. L'heure solaire équinoxiale qui en est la 24e partie n'avait donc pas l'invariabilité qui est indispensable à une unité de mesure.

Le *jour sidéral* et sa subdivision horaire possèdent seuls cette fixité fondamentale. Au lieu du soleil qui est une étoile mobile sur la voûte céleste, il faut considérer quelqu'une des étoiles fixes. Leur révolution, qui est celle même de la sphère étoilée, a toujours la même durée, dans tous les siècles et dans tous les lieux. Une horloge parfaite réglée sur le jour sidéral marquerait toujours la même heure au moment du passage de la même étoile au méridien. Cette *horloge sidérale* existe précisément dans tous les observatoires, et c'est elle qui mesure le temps avec la précision nécessaire aux calculs astronomiques. C'est ainsi, pour prendre un exemple, que si l'on a en vue le mouvement propre du soleil, on constate qu'il met à revenir au point de l'espace d'où il est parti 366 jours sidéraux, plus une fraction de jour sidéral égale à 0, 242264.

C'est la durée de sa révolution apparente, ou *année tropique*.

Au contraire, une horloge parfaite, réglée sur le jour solaire, ne pourra pas, deux jours de suite, marquer midi, au moment du passage du soleil au méridien. Il s'en faudra d'une quantité variant de quelques secondes à environ deux minutes, en plus ou en moins. C'est ce dont on ne tarda pas à s'apercevoir. Les horloges avançaient ou retardaient sur le midi vrai. Le public en concluait qu'elles étaient inexactes et accusait le constructeur. Celui-ci rejetait la faute sur le soleil, excuse que quelques personnes taxaient d'impiété, mais qui était la vérité même. Les astronomes le savaient bien. Ils enseignaient que l'inégalité venait bien du soleil lui-même, et non de l'instrument. Ils en connaissaient les causes ; c'est à savoir que le mouvement du soleil n'est pas uniforme le long de son orbite, mais suit la loi des aires de Kepler ; que le plan de cette orbite, c'est-à-dire l'écliptique, est incliné sur l'équateur où se compte la révolution du jour ; que les points extrêmes de l'orbite solaire, l'apogée et le périgée, se déplacent lentement ; et enfin que l'obliquité de l'écliptique sur l'équateur n'est pas constante. C'est en tenant compte de ces éléments que l'astronome anglais

III. — L'HEURE SOLAIRE. LE TEMPS MOYEN

Flamsteed calcula pour la première fois l'équation du temps. Le public s'obstinait à exiger des montres et des horloges qui fussent d'accord avec le soleil ; ce qui est une chimère. Il faudrait combiner des chronomètres extrêmement compliqués dont l'irrégularité systématique fût sensiblement la même que celle du soleil. C'est à quoi précisément s'essayaient avec plus ou moins d'ingéniosité et de succès les habiles horlogers du commencement du siècle, tels les Lepaute et les Le Roy. Leurs « horloges à équation » étaient des mécaniques très remarquables, mais au regard des hommes compétents fort inutiles. Les éphémérides solaires les remplacent avec un grand avantage de précision.

Les astronomes proposèrent donc de conserver aux horloges la régularité qui est leur principe même, et de substituer au jour solaire inégal un jour égal, qui en différât très peu et dont la durée fût sensiblement la moyenne des jours solaires réels de toute une année. Ils ont imaginé un soleil fictif parcourant l'équateur céleste, d'un mouvement uniforme, dans le même temps (jour solaire moyen) que l'aiguille de l'horloge normale en parcourt le cadran tout entier. Ils le font partir du point équinoxial de printemps un peu après le soleil réel, à un moment qui est précisément choisi parce que la marche de ce soleil imaginaire diffère le moins possible de celle de l'astre réel. C'est ce soleil fictif équatorial qui fixe le temps moyen et règle nos horloges depuis 1816.

La réforme aurait pu s'accomplir dès la fin du XVIIe siècle, puisque c'est en 1672 que le premier directeur de l'observatoire de Greenwich, Flamsteed, a fourni les moyens de calculer la marche du soleil moyen fictif par rapport au soleil vrai. Elle n'a eu lieu, comme nous l'avons dit, qu'un siècle plus tard. Le public tient a ses habitudes. Lorsqu'en 1816, M. de Chabrol, préfet de police, décida de suivre l'exemple des Anglais, des Prussiens et des Suisses et de régler les horloges de Paris sur le temps moyen, il put craindre, comme le rappelait Arago, que la population ne s'insurgeât contre un changement qui choquait ses préjugés. Il n'y eut pas de prise d'armes ; le peuple ne prit point parti pour le vrai soleil contre le soleil moyen. Il avait supporté de plus grands changements.

D'ailleurs ce n'est qu'au prix de cette substitution du temps moyen au temps vrai que l'on pouvait obtenir une précision plus grande dans la détermination de l'heure. Des instruments que l'on

Albert Dastre

retouchait sans cesse sous prétexte de les rectifier d'après le soleil marchaient fatalement très mal. L'astronome Delambre racontait qu'il lui arrivait d'entendre quelquefois pendant trente minutes et plus les différentes horloges publiques de son voisinage sonner successivement la même heure.

A partir de cette époque on cessa donc de tracasser tous les jours les pendules, les horloges et les montres ; elles furent mieux construites, elles marchèrent mieux et concordèrent avec une exactitude que, quelques années plus tard, le développement des chemins de fer devait rendre indispensable.

IV. — L'HEURE NATIONALE. — L'UNIFICATION INTÉRIEURE DE L'HEURE.

Depuis l'année 1816, nous avons été soumis en France au régime *du temps moyen*, ou plus exactement au régime de *l'heure locale, temps moyen*. C'est cet état de choses qu'est venue modifier la loi du 15 mars 1891 en instituant *l'heure nationale, temps moyen de Paris*. Rien n'est plus facile à comprendre.

La substitution du temps moyen au temps vrai avait eu pour effet d'uniformiser la mesure de l'heure en un même lieu. Mais chaque lieu avait son temps moyen, son heure locale, comme il a sa longitude et son méridien particuliers. Le soleil (et ceci s'applique au soleil fictif moyen comme à un astre réel) défile successivement d'Orient en Occident devant les différents méridiens, accomplissant sa révolution de 360° en 24 heures, c'est-à-dire à raison de 15° de longitude par heure, ou de 1° de longitude par 4 minutes de temps. Quand l'astre passe devant le méridien de Paris et qu'il y est midi, il est déjà 1 heure à 15° plus à l'Est puisque le soleil y a passé une heure plus tôt. Il en résulte que le voyageur qui emporte avec lui une montre bien réglée, est en désaccord avec toutes les horloges qu'il rencontre sur sa route. A mesure qu'il marche vers l'Est, elles avancent de plus en plus sur son chronomètre. A Nancy, l'avance est de 15 minutes, à Avricourt de 23. Le contraire se produirait en marchant vers l'Ouest. L'heure de Brest, dont le méridien est à 6°49'49» à l'ouest de Paris, retarde de 27 minutes 19 secondes sur l'heure locale parisienne et au total de 50 sur Avricourt. C'est l'un des plus grands écarts qui puissent se produire dans la France continentale.

Au temps des diligences, ces désaccords n'avaient pas d'inconvénient. Les longs voyages duraient longtemps et ne se faisaient pas d'une traite ; les montres ordinaires avaient le loisir de varier presque autant du fait de leur imperfection que du fait du déplacement en longitude. On ne s'en apercevait pas. — Sous le régime des chemins de fer, il en fut autrement. A mesure que les trajets devenaient plus longs et la vitesse plus rapide, la discordance de l'heure transportée par le voyageur avec celle des localités qu'il traversait devenait plus choquante. A partir du moment où il se mettait en route, la montre lui devenait un instrument inutile. Mais l'inconvénient est tout à fait grave pour le conducteur du train. Il ne pourrait compter avec des heures locales continuellement variables. Son seul guide possible est l'heure invariable du chronomètre bien réglé qu'il emporte avec lui, c'est-à-dire l'heure de Paris.

C'est cette heure régulatrice et fixe qu'il aurait intérêt à trouver dans toutes les gares pour corriger au besoin sa montre. Et c'est en effet celle qu'il y trouve. Avant que la loi de 1891 ait étendu l'heure unique de Paris au territoire entier, la nécessité l'avait imposée depuis près de quarante ans aux administrations de chemins de fer, non seulement pour la conduite des trains, mais pour l'organisation de leur marche, la confection des diagrammes de route et l'établissement des horaires. Dans toutes les gares, une horloge intérieure marque l'heure de Paris. Les horloges extérieures peuvent indiquer l'heure locale : celle de la voie donne l'heure nationale. Il n'y a d'embarras que pour les habitants de la localité. Ils doivent savoir que l'heure de la ville diffère de l'heure de la gare et se régler là-dessus pour ne point manquer le train. En fait il y avait donc, entre les années 1850 et 1891, dans toutes les villes éloignées de Paris en longitude, deux espèces d'heures, l'heure locale et l'heure nationale, et des pendules réglées sur l'une et sur l'autre. La loi de 1891 a fait disparaître l'heure locale : l'heure nationale unique règne partout.

L'adoption du temps moyen avait déjà créé un désaccord entre le jour civil et le jour solaire. L'heure de midi ne coïncidait plus avec le véritable milieu du jour ; par une sorte de contradiction dans les

Albert Dastre

termes, elle partageait en deux parties inégales l'intervalle du lever au coucher du soleil. L'adoption de l'heure nationale a aggravé considérablement la discordance. La différence due à la longitude peut s'ajouter, en effet, à l'écart entre l'heure moyenne et l'heure vraie, et c'est ainsi qu'à Brest, le 11 février 1892, il était une heure moins treize minutes au lieu de midi au moment où le soleil passait au méridien. L'unification intérieure de l'heure a été nécessitée par le progrès dans la rapidité et l'étendue des communications. Des hommes et non pas seulement des hommes d'affaire, que le train rapide réunit en quelques heures, qui correspondent en quelques minutes par le télégraphe et qui conversent directement par le téléphone, sont vraiment comme les habitants d'une même cité. Ils ont besoin de s'entendre au moins sur l'heure qu'il est. De là la substitution de l'heure normale à l'heure locale.

Avant d'être imposée par la loi, elle avait commencé de l'être par l'usage. Beaucoup de villes n'ont pas attendu l'obligation légale pour prendre l'heure de Paris ; Bordeaux, par exemple, l'a adoptée depuis le 1er mai 1889. Ailleurs, en général, il y avait coexistence de l'heure locale et de l'heure du chemin de fer. C'était une gêne et une source de confusion.

Ce n'est pas tout. Au lieu de deux heures discordantes, dans beaucoup de cas, il y en avait trois : l'heure locale, l'heure de Paris, et l'heure des chemins de fer qui est l'heure de Rouen. C'est en effet une particularité unique qu'à Paris même, — et d'ailleurs par une désobéissance formelle à la loi de 1891, — l'heure du chemin de fer retarde de cinq minutes sur l'heure de la ville, l'horloge intérieure, sur l'horloge extérieure. Il n'y a qu'une ville où il n'en soit pas ainsi ; c'est Rouen. Le méridien de la capitale normande est en effet à 1° 14' 32» à l'ouest de Paris ; ce qui correspond à un retard de 4'58» sur l'heure.

Il est donc permis de dire que l'heure régulatrice des chemins français est l'heure de Rouen. C'est une coïncidence, que l'on n'avait pas cherchée. On avait tout simplement voulu donner cinq minutes de grâce aux voyageurs parisiens. Dans aucun autre pays, il n'existe rien de pareil. Il serait raisonnable de supprimer cette bizarrerie. On la conserve, mais personne ne la défend plus. La réforme en projet fournirait une occasion naturelle de la supprimer.

L'heure locale, en disparaissant, a laissé des regrets. Elle seule était rationnelle et naturelle. Son unique tort était de ne pouvoir se prêter aux exigences du mouvement moderne. Au contraire, l'heure normale unique est artificielle ; on lui reproche d'être en opposition avec la vérité scientifique, puisqu'elle tend à faire croire au public qu'il peut être midi au même moment, sous des longitudes différentes. Elle est nulle et non avenue pour les astronomes ; un observatoire ne saurait avoir d'autre heure que celle qui correspond à son méridien. On a proposé d'en revenir à la nature, et pour cela de rendre obligatoire l'usage de l'heure locale. Si, disait-on, il faut en chaque lieu une heure légale, et une seule, prenez celle-là ; supprimez les autres. C'est le conseil que donnait, entre autres, l'amiral P. Serre. Que les ingénieurs de chemins de fer, pour établir les graphiques de marche, pour organiser et régler le service, aient recours à l'heure unique ; il leur est loisible. Que les mécaniciens aient en poche cette heure secrète et des itinéraires réglés en conséquence ; nous n'avons pas à le savoir. Mais ce qu'il faut, c'est que partout les horloges marquent l'heure locale et que les horaires, comment qu'ils aient été primitivement calculés, soient traduits en heures vulgaires.

L'expérience a été faite. L'Allemagne a pratiqué jusqu'en 4892 le système de l'heure locale absolue, avec la rigueur qui lui est propre. Le peuple prussien devait ignorer qu'il y eût une question de l'heure. Où qu'il tournât les yeux, vers le clocher, vers l'hôtel de. ville, ou vers la gare, il n'apercevait qu'un cadran immuable où des aiguilles disciplinées observaient le même alignement. Sur les voies ferrées, le mécanicien transportait un chronomètre- réglé sur Berlin. En cours de route, il avait la ressource de le contrôler. Il n'avait qu'à jeter les yeux sur le cadran intérieur des gares, où une troisième aiguille, distinguée par sa couleur rouge, énigmatique pour le public, mais claire pour lui, promenait sur le cadran l'heure normale de Berlin.

Il a fallu céder enfin à l'évidence. Devant les inconvénients, les confusions, les dangers du système, en présence de l'extension démesurée du mouvement de transit, l'Allemagne a dû substituer l'heure normale unique à l'heure locale diverse. Ce que l'Angleterre avait fait dès 1848 ; la Suède en 1879 ; les États-Unis en 1883 ; le Japon en 1888 ; la France en 1891, l'Allemagne, la Belgique, la

Albert Dastre

Hollande, le Danemarck, l'Autriche-Hongrie, l'ont fait entre 1892 et 1894 : mais sans s'arrêter comme nous à l'unification intérieure, tous ces pays sont arrivés d'un trait au système des fuseaux horaires, c'est-à-dire à la dernière étape de la réforme de l'heure.

Il n'y a de naturelle que l'heure locale. Elle est la seule qui convienne aux besoins des observatoires et de la science proprement dite. En revanche, elle ne convient nullement aux besoins de la vie sociale. La preuve est faite, puisque, sans entente préalable, tous les pays l'ont successivement abandonnée. L'Autriche, qui d'abord l'avait empruntée à l'Allemagne, en 1874, la rejeta après deux ans d'essai ; et la Prusse elle-même, qui s'était entêtée dans ce système et qui avait mis à son service l'organisation la plus méthodique et le personnel le mieux discipliné qu'il y ait au monde, dut y renoncer définitivement en 1893.

L'exemple universel suffit à montrer que la réforme de l'heure n'est pas le résultat d'une agitation factice. Sans doute cette réforme n'est point faite pour les géodésiens et les astronomes, et aussi bien elle ne sera point faite par eux, puisqu'en France, huit au moins, quelques-uns lui sont contraires. Mais la majorité dans le monde savant lui est acquise ou s'en désintéresse. Il n'est pas inutile de rappeler à ce propos, que, déjà en 1855, M. Faye acceptait que l'on se servît du temps de Paris pour l'organisation du service des chemins de fer, et par voie de conséquence qu'on l'étendît aux usages civils dans la France entière : ce sont ces idées qu'il faisait triompher quarante-six ans plus tard en défendant devant le Sénat, en qualité de commissaire du gouvernement, la loi de 1891.

Quand on dit, avec les astronomes, que le système de l'heure locale, aujourd'hui abandonné, est cependant le seul qui soit naturel, encore faut-il s'entendre. Naturel, il ne l'est que par rapport à ce qui ne bouge pas, à la méridienne fixe de l'Observatoire, à la flèche du monument, au clocher immobile, à tout ce qui est attaché au sol de manière immuable ; il ne l'est plus pour l'homme, à moins d'imaginer le sédentaire absolu, l'homme terme, ou encore le nomade systématique qui s'interdirait de changer de méridien. Il ne s'applique pas à l'être mobile qu'est l'homme moderne.

Du moment où les habitants d'une même ville acceptèrent, pour régler leurs continuels rapports, une heure commune, ce fut déjà une infraction au système naturel ; ce fut un premier compromis. Tout déplacement entraîne un changement d'heure ; en toute rigueur, on devrait, à chaque déplacement, corriger sa montre et en pousser les aiguilles. De combien ? D'un nombre d'heures, de minutes, de secondes quinze fois plus petit que le nombre de degrés, de minutes, de secondes d'arc qui exprime le mouvement en longitude, puisque la rotation diurne fait défiler le soleil devant les méridiens successifs à raison de 15 unités d'arc (degrés) pour 1 unité de temps (heure). Un Parisien qui se rend de l'Observatoire au Panthéon devrait avancer sa montre de deux secondes, exactement de 2 secondes, 3, puisque la longitude de ce monument est de 0°0'3". E. Sur une piste orientée de l'Est à l'Ouest, le coureur, cavalier ou cycliste, devrait ajouter ou retrancher une seconde à l'heure de sa montre chaque fois qu'il a parcouru trois cents mètres. Autant dire qu'il faudrait renoncer à la mesure du temps et au bienfait de l'invention des horloges. Une telle rigueur est, dans la pratique, évidemment outrée ; mais elle montre bien qu'il y a incompatibilité entre le régime de l'heure astronomique ou locale et le déplacement de l'homme, les voyages, les communications de lieu à lieu, c'est-à-dire l'entretien des relations économiques et sociales. Tant que la vie locale se maintint prédominante et que les rapports commerciaux et autres restèrent confinés dans un cercle étroit, au temps des diligences, avant le télégraphe, le téléphone, les chemins de fer, ce vice de l'heure locale fut à peine aperçu. Il devint sensible dès l'établissement des chemins de fer et intolérable après le développement des télégraphes et des téléphones. L'heure urbaine commune avait marqué, comme on l'a vu, un premier pas dans la voie des compromis : elle unifiait la mesure du temps de quartier à quartier, parce qu'alors les relations n'étaient fréquentes, étendues et rapides que d'un quartier à l'autre. L'heure nationale a marqué un second pas dans la voie des conventions horaires, lorsque le progrès des communications a fait des différentes provinces comme autant de quartiers d'une cité plus grande, le pays. Il restait un nouveau progrès à accomplir aujourd'hui que les divers pays sont, en ce qui concerne la fréquence et la rapidité des rapports, mieux reliés entre eux que jadis les provinces d'un même Etat ou les parties d'une même ville. Une dernière convention horaire était devenue nécessaire, qui établît sur toute la surface

Albert Dastre

du globe un régime de coordination internationale de l'heure. C'est à ce besoin qu'a répondu le système des Fuseaux horaires. Le monde entier l'a adopté plus ou moins expressément. Trois Etats seulement, la France, l'Espagne et le Portugal sont restés en dehors de ce mouvement. La question qui s'agite aujourd'hui est de savoir si la France doit persister dans son isolement.

V. — LA COORDINATION INTERNATIONALE. — L'HEURE UNIVERSELLE

L'unification nationale du temps qui a été réalisée en France en 1891 et qui a imposé partout l'heure de Paris faisait disparaître l'inconvénient de la diversité des heures locales à l'intérieur de notre pays. Elle la laissait subsister pour les relations avec le dehors. Au moment où l'on franchit la frontière, l'heure subit un saut brusque. Avant l'adoption, par nos voisins, du régime des fuseaux, ce saut d'heure variait suivant que l'on passait dans un Etat ou un autre. Traversait-on la Manche, il fallait retarder de 9 minutes 21 secondes ; si l'on allait à Bruxelles, il fallait avancer de 8 minutes 6 secondes, et de 13 minutes 6 secondes, s'il s'agissait de l'heure des chemins de fer ; si l'on traversait l'Alsace, le coup de pouce donné aux aiguilles devait être (entre 1891 et 1893) de 23 à 27 minutes. C'était dans chaque direction nouvelle une correction nouvelle, une addition ou une soustraction d'un nombre de minutes et de secondes que rien ne fait connaître a priori ou ne permet de fixer dans la mémoire.

Dans les petits États l'inconvénient s'exagérait encore. Ils étaient empêtrés dans un réseau inextricable d'heures différentes. Le grand-duché de Luxembourg avait, par exemple, en outre des heures locales, l'heure normale de Luxembourg en usage sur quelques lignes (Prince-Henri et lignes secondaires) ; le contact de l'heure française (en retard de 15 minutes) dans la direction Luxembourg-Longwy ; le contact de l'heure belge (en retard de 7 minutes) dans la direction Arlon-Bruxelles ; sur les lignes allemandes, l'heure de Berlin (en avance de 29 minutes), pour le personnel technique. Un même train était indiqué, suivant l'horaire que l'on consultait, comme partant à des heures différentes. Sur les lignes de l'État hollandais, peu étendues cependant, on avait affaire à quatre espèces d'heures différentes. Sur le lac de Constance, dont cinq États sont riverains : la Suisse, le grand-duché de Bade, le Wurtemberg, la Bavière et l'Autriche, les voyageurs d'une rive à l'autre se trouvaient aux prises avec cinq heures officielles discordantes.

L'Orient-Express dans son trajet de Paris à Constantinople traverse dix États différents. Avant la réforme des fuseaux il rencontrait huit heures diverses. Les horloges de l'Alsace avançaient sur celles de Paris de 23 à 27 minutes ; à Kehl, nouvelle avance de 2 minutes ; à Miilhbacher (frontière wurtembergeoise) de 3 minutes ; de 10 minutes à Ulm en Bavière ; de 11 minutes à Simbach (Autriche) ; de 19 minutes à Bruck (Hongrie) ; de 6 minutes à Belgrade (Serbie) ; de 34 minutes à Tsaribrod pour la Bulgarie et la Turquie. C'est, au total, une avance de près de deux heures (1 h, 52 minutes) qui se faisait en huit reprises ou, comme on l'a dit, « qu'il fallait avaler en huit gorgées. » On se rend compte de la confusion des horaires, des embarras du service de la voie ferrée, et enfin des ennuis du voyageur qui n'est plus sûr de sa montre ni d'aucune heure ; il n'est plus certain qu'une dépêche envoyée en cours de route arrivera à temps, avant la fermeture d'un bureau éloigné, avant la fin d'une cérémonie, avant l'ouverture d'une séance, avant ou après la fermeture de la Bourse. Sans doute il n'est pas donné à tout le monde d'aller à Constantinople ou de lancer des dépêches à travers l'Europe. Il y a peut-être une majorité de braves gens qui ne sortent pas de leur trou et qui peuvent confier le règlement de leur vie immobilisée à la simplicité de l'heure locale ou de l'heure nationale. On conçoit, d'autre part, que les administrations de chemins de fer, de paquebots, de télégraphes, de câbles sous-marins, de téléphones, n'aient aucun souci de respecter les convenances de ces sédentaires. Elles aussi ont par le monde une immense clientèle à satisfaire. C'est pour les besoins de ces négocians, de ces banquiers, de ces armateurs, de ces ingénieurs, de ces industriels, de ces voyageurs, de ces diplomates, de ces hommes politiques, en un mot pour les exigences de la vie internationale, que la coordination des heures a été instituée.

D'ailleurs, cette unification intérieure n'était pas même applicable à tous les pays. Elle convenait sans doute assez bien à la plupart des Etats européens, dont l'étendue est restreinte. Elle ne s'adaptait plus

Albert Dastre

aux pays tels que la Russie, les Etats-Unis, le Canada, qui atteignent un immense développement en longitude. La raison en est simple. Elle réside dans cette condition essentielle imposée par la nature des choses, à savoir que l'heure conventionnelle, quelle qu'elle soit, par laquelle on remplace l'heure solaire vraie, ne doit pas différer notablement de celle-ci. Il ne faut pas que l'écart dépasse quelques minutes, et, par exemple, trente ou quarante-cinq au maximum. Les habitudes de la vie journalière sont réglées sur le cours du soleil, plus ou moins exactement. Le jour est consacré au labeur, la nuit au repos : notre lever, notre coucher, nos repas, le début et la fin de nos occupations répondent à peu de chose près aux mêmes phases du cours du soleil. Il est donc nécessaire que, dans chaque lieu, à ces phases solaires identiques, ramenant les mêmes actes de la vie civilisée, répondent des désignations horaires identiques, ou du moins peu différentes. Une convention horaire qui nous amènerait à dire : « Il était neuf heures du soir ; le soleil se levait à l'horizon ; le paysan commençait son labour, » serait condamnée du coup.[1] Nous accomplissons les mêmes actes aux mêmes moments du jour, aux mêmes périodes de la course du soleil ; il est naturel que la notation horaire de ces moments soit sensiblement homonyme. A cette condition, la connaissance de l'heure devient un renseignement plein d'utilité. Si je sais qu'à l'instant présent il est minuit à New York, je me représente la grande cité endormie, et si l'on me dit qu'il y est 2 heures du soir, c'est au contraire l'image de la ville active et affairée gui s'offre aussitôt à mon esprit.

Jusqu'à quel degré faut-il que cette concordance de l'heure conventionnelle avec le temps local soit respectée ? C'est ce qu'il est difficile de dire. Ce n'est pas à quelques minutes près, que les faits journaliers de la vie publique et privée se règlent sur le soleil. Il y a une certaine élasticité dans le jeu des habitudes sociales. Elles ne sont d'ailleurs pas uniformes chez tous les hommes ; la journée ne commence pas aux mêmes heures pour le campagnard et le citadin ; elle ne finit pas non plus aux mêmes heures. On admet généralement qu'une différence d'une demi-heure n'est pas sensible et n'aurait pas d'inconvénient. M. Forel, de Genève, s'est déclaré prêt à soutenir cette gageure, que, si l'on reculait toutes

---

1 C'est précisément à ce résultat qu'aboutirait le système de l'heure universelle de Greenwich appliqué à des pays éloignés tels que le Japon.

V. — LA COORDINATION INTERNATIONALE. — L'HEURE ...

les horloges d'une demi-heure sur le temps local sans en prévenir le public, personne, sauf quelques spécialistes, ne s'apercevrait du changement. Tout au contraire, M. Fœrster, le directeur de l'observatoire de Berlin, prétendait qu'une différence de quelques minutes est déjà très appréciable, et que tout le monde est en état de se rendre compte de l'écart de 15 à 16 minutes qui se produit au mois de novembre entre le temps moyen et le temps vrai. En 1890, l'Académie des Sciences de Belgique exprimait un avis analogue. L'expérience a montré que cette opinion est entachée de quelque exagération. Le paysan lui-même, dont les travaux sont le plus étroitement liés à la régularité solaire, n'a besoin de l'heure qu'à une demi-heure près : il ne lui faut une plus grande précision que pour les affaires qui l'appellent à la ville.

Cette obligation fondamentale d'un faible écart entre le temps conventionnel et le temps vrai est suffisamment respectée par l'adoption de l'heure nationale unique, dans les pays de faible étendue en longitude, comme la France et la plupart des Etats européens. Mais déjà on est bien près de la limite où la différence deviendrait excessive. A Brest, par exemple, l'heure normale avance de 27 minutes sur le temps vrai, et cet excès s'accroît, au milieu de février, de la différence du temps moyen au temps vrai : la culmination du soleil (le passage au méridien), s'y produit à midi 43 minutes et par conséquent la matinée dure environ trois quarts d'heure de plus que la soirée. A Bastia, aux environs de la Toussaint, la situation est inverse et le midi vrai arrive à 11 heures et quart. La discordance serait décidément intolérable pour les pays qui présentent une plus grande extension dans le sens des parallèles. C'est ce qui arrive pour l'Autriche-Hongrie, qui couvre, en longitude, une étendue de 17° environ. Lorsque ce pays abandonna, en 1876, le système de l'heure locale, il dut adopter, au lieu d'une heure nationale unique, deux heures normales : l'heure dr Prague pour ses provinces occidentales ; l'heure de Budapest, en avance de 19 minutes sur la précédente, pour les provinces orientales. L'impossibilité de l'heure unique devient encore plus flagrante pour la Russie, le Canada et les États-Unis, dont les points extrêmes présentent des différences de plusieurs heures en temps local. Il a fallu, pour les cas de ce genre, imaginer des solutions nouvelles. On en a proposé deux : le régime de *l'heure universelle* et

Albert Dastre

l'expédient des *fuseaux horaires.*

L'Heure universelle. — Le regimbe de *l'heure universelle* est quelque peu chimérique. M. Faye renvoyait naguère son adoption au siècle à venir, et ce n'est pas assez dire. Il se heurte à des difficultés presque insurmontables. Au lieu de s'accorder à peu près avec le temps local, conformément à la règle que nous posions tout à l'heure, il est en opposition radicale avec celui-ci. Il offre surtout un intérêt théorique. Les ingénieurs l'utilisent pour l'établissement des horaires, le règlement des parcours, et la correspondance des trains ; c'est un instrument de calcul. On ne peut, en effet, définir l'exacte durée d'un trajet par la différence des temps de départ et d'arrivée, puisqu'il y a, en cours de route, des solutions de continuité de l'heure. Il faut supprimer ces écarts et rétablir les soudures, c'est-à-dire en définitive, supposer l'heure unique et continue, l'heure universelle. Les calculs faits, on revient à la réalité ; les résultats sont traduits dans le système usuel.

Le système de l'heure universelle consiste à adopter arbitrairement l'heure d'un lieu déterminé, dont le méridien devient le méridien initial, et à attribuer cette seule et même heure à tous les points du globe. Ce lieu, ce pourrait être Paris, Rome ou Berlin ; c'est ordinairement Greenwich. D'après cela, quand il est midi à Greenwich, il est midi partout. Il n'y a plus aucune corrélation entre la notation de l'heure et la position du soleil ; la même heure universelle correspond à toutes les heures locales imaginables. On renonce à donner aux noms et aux numéros des heures une signification en rapport avec les phases de la révolution diurne. Il est 9 heures du soir (21 heures) au Japon quand le soleil s'y lève ; il y est 3 heures du matin au moment de son passage au méridien. Il est difficile de se faire à ce langage. Sans doute, personne n'ignore que depuis la réforme de 1816, la culmination du soleil ne se fait nulle part à midi juste ; mais on sait aussi qu'il ne s'en faut pas de beaucoup. Du même, on sait que le lever du soleil n'est pas attaché à une heure déterminée, qu'à Paris, par exemple, il se produit à toutes les heures depuis 4 heures du matin à la fin de juin, jusqu'à 8 heures du matin (7 h. 56) à la fin de décembre ; mais on n'est pas habitué à l'idée qu'il puisse avoir lieu à 21 heures, c'est-à-dire à 9 heures du soir, — et cela surtout à cause de ce mot de soir, appliqué à un phénomène essentiellement matinal. La difficulté n'est que

V. — LA COORDINATION INTERNATIONALE. — L'HEURE ...

dans les mots ; elle n'en est que plus insurmontable pour la grande majorité du public.

L'adoption de l'heure universelle, si elle était possible, ferait disparaître, entre autres bizarreries, la classique correction du saut du jour que doivent opérer les navires au moment où ils traversent l'anti-méridien de Paris ou celui de Greenwich, c'est-à-dire la partie inférieure ou les antipodes de ces méridiens initiaux. Cette correction a pour but la conservation de la date. On se rappelle l'étonnement des compagnons de Magellan lorsque, achevant avec son lieutenant Sébastien del Cano le voyage de circumnavigation au cours duquel le grand navigateur trouva la mort, ils constatèrent, en revenant au point de départ, une différence de date d'un jour. Ils étaient partis en 1519 et avaient constamment fait voile à l'occident : l'un d'eux, Antoine Pigaffetta, gentilhomme de Vicence, avait écrit exactement le journal de l'expédition. En abordant à l'île Saint-Jacques du cap Vert, ils apprenaient, à leur grand ébahissement, et à la confusion de l'annaliste, que ce jour qu'ils dataient le mercredi 9 juillet 1522 était, en réalité, le jeudi 10 juillet. De telles discordances ne se produiraient plus. Elles sont évitées, grâce à une convention en usage dans toutes les marines, et que voici : Si le bateau traverse l'anti-méridien en marchant vers l'est, on fait, au moment du passage, rétrograder le nom du jour et le chiffre du quantième ; par exemple, si le passage a lieu le mardi 2 août à 3 heures de l'après-midi, le reste de la journée, sera noté lundi 1er août. — Si, au contraire, le passage s'effectue en naviguant à l'ouest, on avance brusquement la date ; on datera, mercredi 3 août. Grâce à cette convention, le bateau, en revenant à son point de départ y retrouvera la date qu'il apporte lui-même.

L'heure universelle supprimerait encore d'autres singularités, qui se rattachent aux mêmes causes. Imaginons un télégramme parti de Paris le lundi 1er août à minuit une minute, passant par Saint-Pétersbourg, Tobolsk, Pékin, New York, pour revenir à Paris, et supposons que sa transmission n'exige aucun temps appréciable. L'employé de Saint-Pétersbourg aura noté son passage le lundi 1er août à 2 heures du matin ; celui de Pékin à 8 heures ; de Tokio à 9 heures ; de San-Francisco à 3 heures de l'après-midi ; celui de New York l'aura daté, lundi 1er août 7 heures du soir ; il sera 11 heures et demie quand il passera à Valentia (Irlande), et minuit

Albert Dastre

quand il sera à Paris. Il aura fait le tour du monde en un éclair de temps et il arrivera cependant postdaté de 24 heures (mardi 2 août, minuit une minute), selon les indications de transmission. Au contraire, si le télégramme instantané avait circulé en sens inverse, il arriverait antidaté de 24 heures, c'est-à-dire du dimanche 31 juillet à minuit ; c'est une différence de 48 heures. Il faudrait une convention analogue à celle du « saut du jour » dont nous venons de parler, pour faire disparaître ces difficultés, à moins d'adopter l'heure universelle.

Une autre simplification réelle, mais qui heurterait les habitudes et le langage et par suite serait regardée comme une insupportable complication, est relative au changement de date. Ce changement est attaché maintenant, — après avoir beaucoup varié, — à l'heure de minuit ; c'est elle qui sépare la « veille » du « lendemain ; » c'est elle qui donne le signal du remplacement du quantième et du jour de la semaine. Dans le système de l'heure locale, le saut de date s'opère à des moments différents suivant les lieux. Il est déjà accompli dans une localité alors qu'il ne l'est pas encore dans une autre située à l'ouest de la première. On notait mardi 2 août à Paris, au même instant où l'on datait encore lundi 1er août à Brest. Un phénomène météorologique, apparition de bolide, etc., qui se montrerait au même instant physique en des lieux divers y serait rapporté, par conséquent, à des dates différentes. Il faut, pour se rendre compte de l'extension d'un phénomène de ce genre, dépouiller les (observations locales et les traduire en quelque sorte dans le langage de l'heure universelle. De même, si l'on veut suivre la marche d'un cyclone ou d'un tremblement de terre. Avec l'heure universelle, cette transposition serait entièrement supprimée.

Dans ce système le changement de quantième s'opérerait simultanément dans le monde entier à l'instant précis où sonnerait minuit à l'horloge de Greenwich ou à celle de Paris. Mais, à ce minuit du méridien initial, il serait, en temps solaire, 5 heures un quart du soir à Mexico, 3 h. 40 à San-Francisco, midi à la Nouvelle-Zélande, 10 heures du matin à Sydney, 9 heures au Japon. C'est à ce moment que les habitants de ces pays devraient opérer le changement du jour civil. C'est à cette heure inaccoutumée, en plein éclat du soleil, que le Japonais, le Néo-Zélandais ou l'Australien devraient passer de la veille au lendemain, d'une date à une autre, dire lundi le moment d'avant et mardi l'instant d'après. Cela n'aurait sans doute rien que de rationnel ; mais les habitudes sociales en éprouveraient une gêne et une désorientation intolérables.

Pour toutes ces raisons, l'heure universelle préconisée par des savants éminents, comme M. Oppolzer (de Vienne), est décidément inacceptable pour le public. Et comme le système directement contraire de l'heure locale l'était aussi, c'est dans un tempérament, un compromis entre les deux régimes opposés et impossibles qu'il a fallu chercher la solution du problème de l'heure. Le système des fuseaux représente cette tentative de conciliation.

Les fuseaux. — On connaît maintenant tous les éléments du problème, les circonstances qui ont donné naissance au régime des fuseaux et les conditions auxquelles il doit satisfaire.

Il reste à voir comment il y satisfait précisément.

Le premier auteur de cette réforme est M. Sandford Fleming, le célèbre ingénieur du « Canadian Pacific. » Il avait été vivement frappé des inconvénients et de la confusion des heures locales dans le service des immenses voies ferrées qui traversent le continent américain. On n'y employait pas moins de 75 heures différentes. Une réforme était urgente. M. S. Fleming l'avait conçue dès 1876 ; il acquit à ses vues le « Canadian Institute » en 1878 et 1879 : il réussit à les faire accepter par les administrations des chemins de fer des Etats-Unis et du Canada en 1883. La « General Railway Time Convention » date, en effet, du 18 octobre de cette année. M. Fleming ne se contenta point de ce premier succès. Il étendit sa propagande jusqu'en Europe. Au Congrès de géographie réuni à Venise en 1881, il proposait de généraliser le système des fuseaux au monde entier. Il rencontrait bientôt des auxiliaires très actifs et très autorisés, parmi les ingénieurs, les géographes, les astronomes, les économistes : MM. W. F. Allen en Amérique, Schram à Vienne, E. Pasqaier, F. Alexis, en Belgique, en France : MM. De Nordling, A. Poulain, Mareuse, Ch. Lallemand ; et enfin dans les Administrations des télégraphes et des Chemins de fer et dans le Parlement où MM. Gabriel Deville et Boudenoot ont pris l'initiative des projets de loi destinés à en préparer ou en assurer l'adoption.

Albert Dastre

Le système consiste à diviser la terre en 24 fuseaux et à attribuer à chacun d'eux le temps de son méridien médian. Imaginons le cercle de l'équateur partage en 24 parties égales ; chacune correspondra à 15° de longitude ou encore à une heure de temps de la révolution diurne. Par chacune de ces divisions et par la ligne des pôles faisons passer des plans. Le globe se trouvera ainsi distribué en 24 fuseaux sphériques, semblables, suivant la comparaison familière à Arago, à des tranches de melon, égaux entre eux, larges à l'équateur et graduellement appointis vers les pôles arctique et antarctique. On convient que toutes les régions comprises dans un même fuseau auront une seule et même heure, comme si elles appartenaient à un même pays, à une même nation. Seulement cette heure commune, au lieu d'être celle d'une capitale, est celle du méridien qui passe dans le milieu. La surface de celui-ci s'étend donc à 7° 30' à l'est et à 7» 30' à l'ouest de ce *méridien médian* ou *horaire*.

Il en résulte que dans une localité quelconque, l'heure conventionnelle ne peut différer, de l'heure locale ou naturelle, que d'une demi-heure au maximum. Pour les lieux qui sont situés sur le méridien horaire, l'heure du fuseau est celle même du lieu ; pour les lieux situés à l'est, c'est l'heure locale augmentée d'un nombre de minutes qui ne peut dépasser trente ; pour les lieux situés à l'ouest, c'est l'heure locale diminuée dans les mêmes proportions. On voit par là que l'écart entre le temps conventionnel et le temps local restant contenu entre des limites raisonnables le système *des fuseaux* participe suffisamment, — et certainement mieux que le système de *l'heure nationale*, — des avantages du régime naturel, c'est-à-dire du temps local ou du temps astronomique.

Il ne participe pas moins des avantages de *l'heure universelle*. L'heure d'un fuseau diffère de celle du fuseau voisin, exactement d'une heure, puisque les méridiens horaires qui la fixent sont à 15° d'arc l'un de l'autre. Quand il est minuit (zéro heure) dans le fuseau initial, il est l'heure du matin dans celui qui le touche à l'Est, 2 heures dans le second, 3 heures dans le troisième, et ainsi de suite. De cette manière, le temps n'est sans doute pas unifié à la surface du globe, mais les heures s'y coordonnent et s'y enchaînent de la manière la plus simple et la plus commode pour tous les calculs chronologiques.

Il y a « coordination » de l'heure et « unification » de ses

V. — LA COORDINATION INTERNATIONALE. — L'HEURE ...

subdivisions, minutes et secondes. Un voyageur qui marcherait vers l'est, n'aurait jamais à toucher à la grande aiguille de son chronomètre, l'aiguille des minutes ; il devrait seulement faire avancer l'aiguille des heures d'une division chaque fois qu'il passerait d'un fuseau dans le suivant. Les horloges du monde entier concordent donc quant aux minutes et aux secondes. Au moment où les horloges de Londres marquent midi 10 minutes, par exemple, on sait qu'il est exactement 2 heures 10 minutes à Saint-Pétersbourg, qui se trouve dans le second fuseau vers l'est après le fuseau fondamental ; il est exactement 6 heures 10 minutes à Calcutta, qui se trouve dans le sixième fuseau. Au lieu d'une heure de plus, c'est une heure de moins qu'il faut compter, si l'on marche à l'ouest : on retranchera cinq heures pour avoir l'heure de New-York, qui est dans le cinquième fuseau à l'Occident ; il y sera donc 7 heures 10 minutes.

Telle est l'économie du système, au moins en théorie. En pratique, on se départ quelque peu de cette rigueur. On modifie la configuration des fuseaux pour l'adapter à celle des pays. Si une petite portion d'un pays empiète sur un fuseau, plutôt que de lui assigner une heure différente de celle de la masse principale, on fait fléchir la limite du fuseau de manière à contourner la frontière nationale.

Quand l'Espagne aura adopté le système des fuseaux et qu'elle aura l'heure de Paris et de Londres, c'est-à-dire du fuseau initial, on appliquera cette même heure à la Galice et à une partie de la côte cantabrique qui est en dehors de ce fuseau. De même, procédera-t-on, en France, pour la petite portion des Alpes-Maritimes qui est à l'est du fuseau initial. En d'autres termes, on remplace, toutes les fois qu'il y a lieu, les limites trop rigides du fuseau théorique par les frontières politiques ou naturelles des différents pays. Et par là, le système des fuseaux, sans rien perdre de ses avantages, participe en même temps de la commodité du système de l'heure nationale.

En ce qui concerne l'Europe, elle est tout entière comprise dans les trois premiers fuseaux : la France, l'Angleterre, la Hollande, la Belgique, l'Espagne, le Portugal dans le fuseau fondamental ; les Etats Scandinaves, l'Allemagne, l'Autriche proprement dite et l'Italie, dans le suivant ; la Russie occidentale, la Hongrie, les États balkaniques, la Grèce, la Turquie, dans le troisième. MM. Strecker

Albert Dastre

et de Busschere ont désigné ces fuseaux, tout aussi africains qu'européens, par les noms de fuseau de l'Europe orientale, de l'Europe centrale, de l'Europe occidentale qui ont été généralement adoptés.

On a essayé de rendre la nomenclature des fuseaux la plus rationnelle et la plus significative qu'il fût possible. Plusieurs systèmes ont été successivement proposés par MM. Fleming, J. W. Allen, Schram et de Nordling. Le fuseau initial, fondamental, a reçu le nom de fuseau universel ; son heure est appelée *temps universel*. Il est désigné par la lettre *u*. Les autres pourraient être désignés par des numéros d'ordre, 1, 2, 3, 4,… 22 et 23 en allant vers l'est. Le numéro d'un fuseau indique l'heure qui y règne (c'est-à-dire l'heure locale de son méridien médian) au moment où il est midi dans le fuseau initial, à Paris et à Greenwich. M. Sandford Fleming, au lieu de chiffres, a utilisé les 23 lettres de l'alphabet latin (l'u qui n'en fait point partie étant réservé au fuseau fondamental). Ces fuseaux sont donc désignés par les lettres A, B, C, D, E, F, G, H, I, J, K, L, M, N, O, P, Q, R, S, T, V, X, Y, Z, correspondant aux vingt-trois premiers nombres. A l'u répond le chiffre *zéro*. Il s'agit de savoir le rang de chaque lettre dans l'alphabet pour avoir la correspondance de l'heure dans le fuseau qu'elle désigne avec celle du fuseau initial.

Cette notation fut trouvée trop abstraite. Les Américains lui préférèrent celle de W.-F. Allen, qui consiste à donner à chaque fuseau un nom géographique qui s'y rapporte. De ces dénominations les seules usuelles sont celles qui désignent les quatre fuseaux de l'Amérique du Nord, à savoir, en procédant de l'occident à l'orient : *Pacific-Mountain* (Montagnes Rocheuses) *Central*, *Eastern* et *La Plata* ou *Intercolonial*.

La nomenclature qui semble préférable à toutes les autres est celle de M. Schram. Les fuseaux y sont désignés par un nom géographique qui s'y rattache ; mais en outre, ce nom est symbolique, en ce qu'il est choisi de façon que les lettres initiales suivent l'ordre de l'alphabet latin, si l'on énumère les fuseaux, en marchant vers l'est. Le fuseau fondamental, hors rang, porte le nom de fuseau universel, son heure s'appelle *temps universel* : son symbole est U. Le premier fuseau, à l'est de celui-ci, est appelé *Adriatique*, son symbole est A : son heure avance d'une

V. — LA COORDINATION INTERNATIONALE. — L'HEURE …

unité sur le temps universel. Vient ensuite le fuseau du Bosphore, dont le symbole est B ; son heure est on avance de deux heures sur le temps universel. Il répond à Constantinople, Saint-Pétersbourg, c'est-à-dire à l'Europe orientale, comme les deux précédents à l'Europe centrale et à l'Europe occidentale ; et l'on voit maintenant pourquoi M. Pasquier critiquait ces dénominations très expressives sans doute, mais qui rompent la convention symbolique, dont nous allons dire l'utilité. Viennent ensuite, toujours plus à l'est avec les symboles *c, d, e, f, g, h,*... etc., les fuseaux désignés par les noms : *Caucase, Daria, Elephanta, Fakir, Gobi, Hoang-Ho, Japon, Kouriles, Loyalty, Milieu* ou *Medium* correspondant à l'antipode du fuseau fondamental, *Nounivak, Otahiti, Pitcairn, Quadra, Rocky-Mountain, Supérieur, Tolima, Saint-Vincent,* ces quatre derniers répondant respectivement, dans l'Amérique du Nord, aux fuseaux appelés par Allen : Pacific-Mountain, Central, Eastern, Intercolonial. Enfin, les trois derniers qui couvrent une grande partie de l'Atlantique, sont les fuseaux de *Xingu* (au nord du Brésil), *Young Baie* (Groenland), et *Zighinchor* (côte d'Afrique).

L'utilité du symbole alphabétique devient évidente dans les usages télégraphiques. On ajoute, comme indication de service, à l'heure d'envoi de la dépêche la lettre-symbole du fuseau de départ ; par exemple pour un télégramme expédié de Constantinople à Paris à 10 heures 32 minutes, on écrit B. 10.32. Au reçu de la dépêche, on sait qu'il s'agit du fuseau B, second fuseau (B = 2), où l'heure est en avance de deux heures sur le fuseau universel de Paris. Le destinataire, sait donc qu'il était 8 heures 10 minutes à Paris, au moment de l'expédition, l'heure d'arrivée lui apprend la durée de transmission. Les adversaires du système des fuseaux disent avec M. Caspari qu'il n'est pas nécessaire que les particuliers puissent connaître, sans calcul, la durée de transmission. A quoi l'on peut répondre, avec M. A. Poulain, que tout au contraire il y a pour le destinataire intérêt à avoir ce renseignement, par exemple pour se rendre compte si sa réponse, exigeant une égale durée de transmission, pourra arriver à temps, avant le départ d'un train ou d'un bateau. D'ailleurs, la question est tranchée en fait par les pétitions des chambres de commerce et des unions commerciales, réclamant précisément que les télégrammes portent des indications de ce genre.

Albert Dastre

La traduction facile, dans le système des fuseaux, du temps local en temps universel, permet aux météorologistes, en groupant les indications locales, de reconstituer facilement la marche et de déterminer la vitesse de propagation d'un orage ou d'un tremblement de terre.

En ce qui concerne les chemins de fer, il n'est pas besoin de longues explications pour faire comprendre les simplifications apportées par l'usage des fuseaux. Au lieu des huit changements d'heure et minutes qu'il fallait subir quand on allait de Paris à Constantinople, il n'y en a plus que deux, au moment où l'on passe la frontière allemande, c'est-à-dire où l'on entre dans le fuseau A de l'Europe centrale ; et au moment où l'on passe, à la frontière bulgaro-turque, dans le fuseau B de l'Europe orientale ; et ces deux changements consistent dans une avance d'une heure chaque fois, sans qu'il y ait à toucher aux minutes.

Tous ces avantages permettent de comprendre le succès rapide et presque foudroyant du système des fuseaux horaires. M. Sandford Fleming l'imagine en 1876 ; les États-Unis l'adoptent en 1883 ; le Japon l'introduit, le 1er janvier 1888, pour tous les usages de la vie civile. En 1891, c'est le tour de l'Autriche qui prend l'heure de l'Europe Centrale (Greenwich + 1) ; à la même date, 1er octobre 1891, la Roumanie et la Bulgarie, pour le service de leurs voies ferrées, se règlent sur le fuseau de l'Europe orientale (Greenwich + 2). Le 1er avril 1892, l'Alsace-Lorraine, le duché de Bade, le Wurtemberg et la Bavière, prennent l'heure de l'Europe Centrale. Un mois après, le 1er mai 1892, la Belgique et la Hollande, comprises dans le fuseau fondamental, exécutent la correction nécessaire pour faire concorder leur heure avec le temps universel ; l'Italie a, depuis le 1er novembre 1893, l'heure du fuseau de l'Europe (Centrale (Greenwich + 1). La Suisse avait agi de même le 1er juin de la même année. Elle avait hésité, étant à cheval, en quelque sorte, sur les deux fuseaux, entre l'heure universelle c'est-à-dire la nôtre et l'heure de l'Europe Centrale. La Bosnie et l'Herzégovine à partir du 1er janvier 1892 ; la Hongrie et Budapesth depuis le 1er juin ; le Danemark le 1er janvier 1894 ; la Norwège le 1er janvier 1895, l'Australie et la Nouvelle-Zélande le 1er février 1895 ; l'Afrique méridionale, le Cap enfin se sont ralliées au système des fuseaux horaires. Si l'on considère que l'Angleterre depuis 1848, la Suède,

V. — LA COORDINATION INTERNATIONALE. — L'HEURE ...

depuis le 1er septembre 1879, jouissaient de ce régime et que la Russie occidentale, par un heureux hasard, était en accord avec lui à une minute près, on constatera, en fin de compte, que la France reste seule, avec l'Irlande, l'Espagne et le Portugal, en dehors de l'accord universel ; on comprendra l'étendue de notre isolement et l'urgence qu'il y a à le faire cesser.

Qu'attendons-nous davantage ? L'avènement d'un régime plus parfait ? L'application du système décimal à la mesure de l'heure et à celle des longitudes ? Mais il est à peu près certain que la décimalisation de l'heure aura pour base la division de la circonférence en 240 degrés, c'est-à-dire qu'elle laissera subsister les 24 fuseaux actuels comprenant à l'avenir 10 degrés au lieu de 15. L'heure n'éprouvera donc aucun changement, de ce fait ; et ses subdivisions pourront concorder avec le régime des fuseaux.

La résistance vient d'ailleurs. Le système des fuseaux exige comme point de départ un méridien initial qui serve d'axe au fuseau fondamental et qui règle le temps universel. En théorie, ce méridien peut être quelconque ; ce pourrait être celui de l'île de Fer, comme l'avait voulu Richelieu ; celui de Behring, comme l'a proposé M. Janssen, au Congrès de Washington ; celui de Jérusalem, comme le demandait l'Institut de Bologne ; enfin celui même de l'Observatoire de Paris. Il n'en a pas été ainsi. En fait, et par suite de la manière même dont les choses se sont successivement établies, c'est le méridien de Greenwich qui a servi de point de départ. Il y a maintenant possession d'état. Au lieu de promener par le monde un chronomètre en désaccord avec tous les autres, retardons-le de 9 minutes 21 secondes, comme le propose le projet soumis au Sénat ; cela suffira pour nous rallier au système des fuseaux, adopté par le monde entier, et nous faire bénéficier de ses avantages. On prétend que ce serait implicitement trancher en faveur de Greenwich la querelle relative au méridien initial et que cette solution est inacceptable. C'est là un point qui exigera un examen approfondi.

ISBN : 978-1542759403

Albert Dastre

www.ingramcontent.com/pod-product-compliance
Lightning Source LLC
Chambersburg PA
CBHW051824170526

45167CB00005B/2154